百角文库

生活中的生物学

姚大均　柳德宝　编著

中国少年儿童新闻出版总社
中国少年兔童出版社

北　京

图书在版编目（CIP）数据

生活中的生物学 / 姚大均，柳德宝编著．-- 北京：中国少年儿童出版社，2024.1（2024.7重印）
（百角文库）
ISBN 978-7-5148-8430-2

Ⅰ．①生… Ⅱ．①姚… ②柳… Ⅲ．①生物学－青少年读物Ⅳ．① Q-49

中国国家版本馆 CIP 数据核字 (2023) 第 254452 号

SHENG HUO ZHONG DE SHENG WU XUE
（百角文库）

出 版 发 行：中国少年儿童新闻出版总社
中国少年兒童出版社

执行出版人：马兴民

丛书策划：马兴民　缪　惟　　美术编辑：徐经纬
丛书统筹：何强伟　李　橦　　装帧设计：徐经纬
责任编辑：李　华　　标识设计：曹　凝
责任校对：杨　雪　　插　　图：晓　劼
责任印务：厉　静　　封 面 图：晓　劼

社　　址：北京市朝阳区建国门外大街丙 12 号　　邮政编码：100022
编 辑 部：010-57526336　　总 编 室：010-57526070
发 行 部：010-57526568　　官方网址：www. ccppg. cn

印刷：河北宝昌佳彩印刷有限公司

开本：787mm × 1130mm　1/32　　印张：3
版次：2024 年 1 月第 1 版　　印次：2024 年 7 月第 2 次印刷
字数：36 千字　　印数：5001-11000 册

ISBN 978-7-5148-8430-2　　定价：12.00 元

图书出版质量投诉电话：010-57526069　　电子邮箱：cbzlts@ccppg.com.cn

序

提供高品质的读物，服务中国少年儿童健康成长，始终是中国少年儿童出版社牢牢坚守的初心使命。当前，少年儿童的阅读环境和条件发生了重大变化。新中国成立以来，很长一个时期所存在的少年儿童“没书看”“有钱买不到书”的矛盾已经彻底解决，作为出版的重要细分领域，少儿出版的种类、数量、质量得到了极大提升，每年以万计数的出版物令人目不暇接。中少人一直在思考，如何帮助少年儿童解决有限课外阅读时间里的选择烦恼？能否打造出一套对少年儿童健康成长具有基础性价值的书系？基于此，“百角文库”应运而生。

多角度，是“百角文库”的基本定位。习近平总书记在北京育英学校考察时指出，教育的根本任务是立德树人，培养德智体美劳全面发展的社会主义建设者和接班人，并强调，学生的理想信念、道德品质、知识智力、身体和心理素质等各方面的培养缺一不可。这套丛书从100种起步，涵盖文学、科普、历史、人文等内容，涉及少年儿童健康成长的全部关键领域。面向未来，这个书系还是开放的，将根据读者需求不断丰富完善内容结构。在文本的选择上，我们充分挖掘社内“沉睡的”“高品质的”“经过读者检验的”出版资源，保证权威性、准确性，力争高水平的出版呈现。

通识读本，是“百角文库”的主打方向。相对前沿领域，一些应知应会知识，以及建立在这个基础上的基本素养，在少年儿童成长的过程中仍然具有不可或缺的价值。这套丛书根据少年儿童的阅读习惯、认知特点、接受方式等，通俗化地讲述相关知识，不以培养“小专家”“小行家”为出版追求，而是把激发少年儿童的兴趣、养成正确的思考方法作为重要目标。《畅游数学花园》《有趣的动物语言》《好大的地球》《看得懂的宇宙》……从这些图书的名字中，我们可以直接感受到这套丛书的表达主旨。我想，无论是做人、做事、做学问，这套书都会为少年儿童的成长打下坚实的底色。

中少人还有一个梦——让中国大地上每个少年儿童都能读得上、读得起优质的图书。所以，在当前激烈的市场环境下，我们依然坚持低价位。

衷心祝愿“百角文库”得到少年儿童的喜爱，成为案头必备书，也热切期盼将来会有越来越多的人说“我是读着‘百角文库’长大的”。

是为序。

马兴民

2023 年 12 月

目 录

开头的话

我们生活中所需要的许多东西（包括衣、食、住、行、用等方面）都直接或间接地来自生物，你每天也都在同它们打交道。

玉米、小麦、蔬菜、水果，鸡、羊、猪、狗，花、鸟、虫、鱼，树木、草药，细菌、真菌等，虽然你见过它们，并不等于说关于它们的许多问题你都知道。

在你的周围，有许多事也许使你很感兴趣：鹅真的能看家护院吗？怎么对付蟑螂？

为什么打苍蝇用苍蝇拍最好使？米蛀虫为什么不用喝水？

剩饭菜怎么会变馊？为什么腐乳的味道那么鲜美？

蚕吃绿桑叶，为什么吐出来的是又白又细的丝？为什么花好要靠用心栽？树木草坪为什么能净化空气？

生活中处处有生物学。你只要细心观察，勤于思考，就会提出形形色色的关于生物学方面的问题。许多事情都很有趣，每一件事都是个谜，等待着你去揭晓。

让我们从生活中学习生物学吧！

养鹅看家

你爱不爱大白鹅？会爱的。

它长着鹅黄冠、长脖子、白羽毛、红脚蹼，在乡间小路上一摇一摆，昂首阔步，多么俊秀和威风啊！

鹅吃的是草，长得又快又大，又有不少用途。鹅绒被褥轻暖适用，鹅毛扇美观轻巧，鹅血、鹅胆、鹅掌黄皮都可入药。鹅肉肥美，鹅肝吃起来别有风味。

叫人感兴趣的也许是鹅会看家吧！鹅看家

的本领不比狗逊色。鹅在村边、路口、房前，碰上陌生人，就会张翅大叫，急步奔跑过去，摆出一副搏斗的架势。鹅叫声带有恐吓，同时告诉主人警惕。

历史上有这样一个关于鹅的故事。公元前390年，罗马要冲——卡庇托林山城堡的守城士兵因节日狂欢喝得酩酊大醉。深夜，高卢人来偷袭，逼近城堡时人们还在酣睡。幸好神庙里养着一群鹅，是准备用来奉献给女神的，它们被敌人的脚步声惊动，大叫大嚷，把全城人都唤醒，一同起来击退敌人。从此，罗马人把鹅当作灵禽。人们特地建立了一座纪念碑，以纪念鹅的功绩，碑上立着的那一只鹅正引颈张翅，大鸣大叫呢。

苏格兰的一个威士忌酒厂老板海拉姆·沃克，吸取鹅群帮助罗马人击退偷袭者的经验，用鹅群做巡逻队来保卫酒库。原来，这个酒库面积很大，围墙长达 36 千米，里面储藏着 1.2 亿升的 30 年醇酿，价值 3 亿英镑。他用了 90 只鹅充当警卫，由于鹅的听觉比狗还灵，一有

风吹草动，就会立即大叫起来。而饲养这群鹅不需要花费太多，仓库附近有的是草，足够它们吃的；冬天，喂点儿干饲料，花钱不多。这支鹅群巡逻队担任警卫以后，酒库从没发生过盗窃事件。

鹅的祖先是雁。我国养鹅历史至少有 3000 多年了。白鹅、灰鹅和狮头鹅都是人们长期培育的良种。鹅经过长期饲养，虽然已经失去飞翔的能力，却保留了祖先的一些特性：机警勇敢，与同伴相亲，对敌人警惕；晚上休息时，留有警戒的“哨兵”；遇到敌害来袭，勇猛向前，群起而攻之。这是在其他家禽中少见的。

鹅还是人们忠实的助手。冬天，南方农民把老鹅放在沤田里，去淘食草根，既养了鹅、除了草，还为稻田施了有机肥。江苏北部的棉农，常把鹅群赶进棉田，让鹅沿田垄把杂草除净，却毫不伤害棉苗。南美洲的棉农也用鹅来除草，20只鹅就能保证150亩棉田不再受到杂草的危害。我国农民牧放鸭群的时候，常常夹养几只雄鹅，它们像羊群里的牧羊犬那样，忠于职守，遇到小兽来袭击，就以叫声发出警报，同时猛扑来敌，保护鸭群。

英国的动物行为学家康勒德·罗伦兹，被称为“现代生态学之父”，他常常同鹅、鸭、猴、狗、青蛙和鼩（qú）鼱（jīng）为伍，同它们亲密相处，还会同动物“交谈”。他观察研究后认为：初生的鸟，有一种“先入印象”。他曾做过这样的试验：当他第一个出现在刚孵出的灰鹅面前时，那些雏鹅立即把他当作“母亲”，他走到哪里，雏鹅就跟到哪里。他正是利用这种先入印象，使两只无母的雪鹅同他形影不离。由于他能使用十分神秘的“鹅语”，那两个“孤儿”在他的召唤下会跟他一起游泳，亲昵地贴在他的左右，用嘴衔住“妈妈”的头发，显露出亲爱之情。

黄鼠狼不专吃鸡

你见过黄鼠狼吗？它有细长的身躯，短小的四肢，身体背面有红褐色的毛，而腹面毛色却是淡黄褐色的，动作机灵狡猾。它栖息在河谷、田野、灌木丛或村落的柴堆等地方，晚上出来觅食，有时白天也可以见到，行动鬼鬼祟祟，偶尔也窜到院子或鸡舍周围活动。

在农村，一旦小鸡少了，人们总是归罪于它，说是给黄鼠狼偷吃啦。黄鼠狼由此而得到了一个恶名声——“偷鸡贼”。俗话说“黄鼠狼给鸡拜年——没安好心”，好像黄鼠狼是专门吃鸡的。

真是这样吗？不是的。我国科学工作者曾经深入全国各地的林区、草原和岛屿，对黄鼠狼的生活习性进行长期的观察研究，解剖了近5000只黄鼠狼，并对残留在这些小兽胃里的骨头、牙齿、皮毛等小动物残骸进行鉴别，发现黄鼠狼吃的食物种类很多，主要有鱼、蛇、蛙、鸟、蝗虫和蜈蚣等，而更多的是野鼠，其中只有两只黄鼠狼吃了鸡。

人们还做了黄鼠狼的食性试验。在饲养黄鼠狼的笼子里，每天放进各类食物，观察它们喜欢吃些什么。第一天，放进三只活鸡、一段带鱼，黄鼠狼只吃了带鱼；第二天，放进鸡、鸽子、蟾蜍和老鼠，黄鼠狼吃掉部分蟾蜍，吃光了老鼠；第三天，放进活鸡、活鸽，黄鼠狼把鸽子咬死……最后一天，放进活鸡，黄鼠狼在没有第二种食物的时候才吃了鸡。

这么说，黄鼠狼当然不是鸡的天敌了，可它却是蛇的冤家哩。如果把黄鼠狼同蛇放在一起，就会激起一场厮杀。黄鼠狼东跳西跃，对准蛇头，猛咬一口；蛇蜷曲着身体企图把黄鼠狼缠住，而黄鼠狼却千方百计地设法躲避，并且伺机进攻，直到把蛇咬死吞掉为止。黄鼠狼有时也会被毒蛇咬伤，但一般不会死亡。原来，黄鼠狼有惊人的抵御蛇毒的能力，20毫克的蛇毒结晶能使人丧生，可是，对黄鼠狼却没什么大碍，只是有些厌食和便血等反应，过几天它就活蹦乱跳啦！

黄鼠狼还是灭鼠的能手。一见到野鼠，黄鼠狼就会猛扑过去，用嘴咬住鼠头，连吞带咽，一下子就进肚了。它会寻找鼠洞，挖开洞穴，把整窝野鼠歼灭光。一只黄鼠狼每年能消灭三四百只老鼠。人们还发现，凡是黄鼠狼出没的地方，老鼠就少；而黄鼠狼或其他食鼠动物少的地方，老鼠就会成灾。你看，生物之间的相互制约是多么重要啊！我国小兴安岭等地，就曾经大量繁殖黄鼠狼，利用它来灭鼠，人们把这种做法叫作“生物防治”。

黄鼠狼的学名叫黄鼬，同白鼬、雪鼬、艾鼬等一样都是珍贵的皮毛兽。它每年换两次毛，夏毛稀疏质低，冬毛浓密柔软。全国各地气候

差别很大，长城以北地区，从霜降到立春，黄河流域从立冬到立春，长江中下游地区从小雪到大寒，南方地区从大雪到大寒，在这些时间里黄鼠狼的毛皮质量好。

黄鼠狼有一种独特的化学自卫武器：肛门附近的分泌腺能放出臭液，俗称“臭屁”。当黄鼠狼遇到敌害追捕时，一下子逃脱不了，就会释放出带有臭味的液体来，恶臭难闻。敌害稍一愣神，它就趁机溜走啦。

黄鼠狼还利用这种臭屁来猎食刺猬。刺猬遇上危险，就蜷缩成球，满球是刺，想吃它的动物多半只能望“球”兴叹。黄鼠狼有个绝招，选中“刺球”露出的小孔，先把臭味射进去，使刺猬“麻醉”得解除了武装，然后从腹部进攻，咬死刺猬，再吃那鲜美的肉。

总而言之，黄鼠狼并非专门吃鸡，只要把

农村的鸡舍管理好，就可以防止“偷鸡”现象。事实证明，黄鼠狼是灭鼠的能手，是对农林牧业大有好处的益兽。所以，人们要保护它，尤其是在鼠害比较严重的地区，更应该让它迅速繁殖。黄鼠狼目前被列为国家三级保护动物。因此对它的捕杀只能因时因地适量进行，绝不能滥捕乱杀，触犯国家法律的规定。

拍打苍蝇

你讨厌苍蝇，一看到苍蝇，就会拿起书本或者报纸去拍打，刚拍下去，苍蝇就飞快地逃跑啦！它随即在另一个地方停下来“示威”。你再次去拍打，仍旧打不到它。但用苍蝇拍去打，十有八九能拍到苍蝇。这是什么道理呢？

原来，有些昆虫的“皮肤”上面长有很多细毛，叫作感觉毛。在它们停留的瞬间，这些感觉毛既能“品尝”脚下佳肴的滋味，又能对周围环境的温度、湿度和气流做出及时的反应。

苍蝇也是在这种感觉毛的帮助下，察觉周围的动静，大显飞翔逃跑本领的。你用书本或报纸去拍打，会加速空气的流动，苍蝇身上的感觉毛能灵敏地察觉到，就会很快逃跑。可是，你用有网眼的苍蝇拍去打就不同了，气流通过小网眼向上跑，就会减小气流对感觉毛的震动。这样，苍蝇来不及逃遁，就容易被拍住。

美国科学家曾经做过这样一个实验：在特制的显微镜下面，把苍蝇身上的感觉毛统统拔

掉，然后把它们放到自然环境中去。这种没有感觉毛的苍蝇虽然照样能够飞翔，走动如常，可是，它们对外界的一切干扰失去了反应，任凭你去捕捉。

科学家发现，昆虫的感觉毛上有密集的感觉细胞，这些细胞组成了“微型感震器”，它又同头部简单而有效的脑神经相联系。脑神经接连不断地处理外界的信息，指挥昆虫的行动。

比如蟋蟀腹部末端附器上的毛，它接触到地面的时候，就能察觉到地面颤动的情况；附器抬高的时候，又可以察觉到地面上的气流运动。因此，当你走近它的时候，它早就跳着溜走啦。再比如，蟑螂的触角、尾须和腿关节上的神经末梢，对周围气流的变化，也十分敏感，你只要把电灯开亮，轻轻地走过去，它就会快如流星似的逃走。

你讨厌苍蝇，因为它常飞落到食物上，还会发出特殊气味，招引同伙前去共享美餐。它喜欢追腐逐臭，满身沾有病菌，你吃了苍蝇沾染过的饭菜，很容易传染上疾病。

苍蝇是怎样闻味而来的呢？原来，苍蝇头上的一对触角，由许多灵敏的嗅觉感受器组成，每个感受器是一个小腔，里面有成百个神经细胞，能灵敏地对空气中飞散的化学物质做出反应。即使食物离得很远，它也能顺着微乎其微的气味很快地发现。

苍蝇的口器上和腿上都有无数的味觉毛，在食物上舔或踩一下，品尝过味道，就很快知道食物是否适合自己的口味。

怎样对付蟑螂

蟑螂是一种很古老的昆虫，已经有3亿2000多万年的历史，石炭纪时代的蟑螂化石，相貌同今天的蟑螂几乎没有什么差别。石炭纪以后，许多昆虫由于不能适应环境的变迁，相继被淘汰了，蟑螂却能顽强地生存下来，成了活化石。可见它生命力是多么强了。

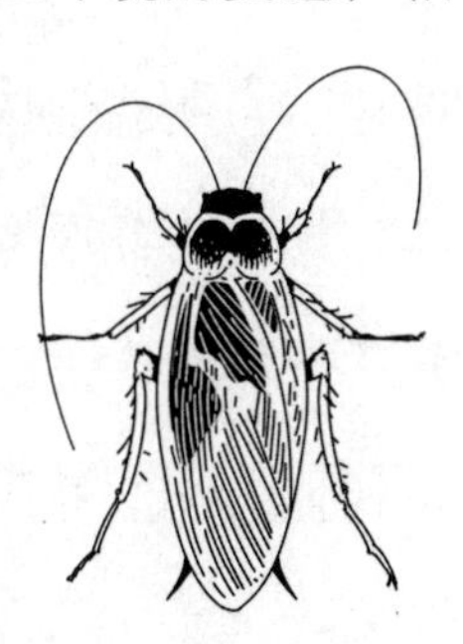

现在，蟑螂的足迹几乎遍布家家户户，并且已经

扩展到大饭店和宾馆里。连远洋轮船也成了蟑螂的“自由天地”。

蟑螂一般昼伏夜出。白天，蟑螂大多隐藏在厨房的角落、碗橱的缝隙中，夜间四处活动找食吃。

蟑螂几乎什么都吃，香的、臭的、硬的、软的。有时候它还会去啃书脊里面的糨糊，把书咬破；钻进家用电器里，把电线包皮咬坏；甚至能咬伤婴儿的皮肤和手指。它还吃粪便、痰液和小动物的尸体。它边吃边排粪，身上弄得很脏，沾带病菌，污染食物，传播各种疾病，比如副伤寒、痢疾、结核和急性肝炎等。

你想扑打蟑螂，还不太容易呢。夜间，你轻手轻脚地走进厨房，突然打开电灯，看见蟑螂惊慌失措的样子，但转瞬间就溜到黑暗的角落里去了。

为什么蟑螂的行动这样敏捷呢？这跟它身体的构造有密切关系。蟑螂的身体扁平带有油状光泽，腹部的背板有分泌腺的开口，分泌出的液体有恶臭味。它三角形的头上，长有两只小单眼和一对大复眼。两个上颚呈扇形，交叠像把剪刀，齿间有瘤节突起，碾碎硬物时仿佛虎钳。嘴边有四条触须和许多短毛。触须是它采集食物的工具，短毛是味觉和嗅觉器官，上面有感觉神经，有觅食或避开毒饵的作用。腿关节上的神经末梢感觉非常灵敏，对轻微的震动也能觉察，所以蟑螂能觉察到人靠近时的震动也就不奇怪了。蟑螂尾部末端的尾须是复杂的震动感受器，它能感知外界刺激从什么方向来，使它能够迅速逃走。

怎样对付蟑螂呢？人们创造了一些捕杀蟑螂的方法。

利用蟑螂爱吃香甜食物的习性，用一只小口径长颈玻璃瓶，瓶内放些香甜食物，瓶口涂上芝麻油，蟑螂进入瓶内，因为瓶壁很滑，爬出来就困难了。

利用蟑螂爱钻缝隙的习性，用一个纸盒，盖上开有一些缝隙，盒内涂上黏胶，撒些新鲜面包屑，让蟑螂钻进去偷吃而被粘住。

利用蟑螂喜欢在硬物上刮去背部污垢的习性，在房间角落撒些硬而带锐棱的硅藻土，蟑螂到那里去擦刮身体的时候，表面的那层蜡油会擦掉过多，结果，蟑螂体内的水分大量散失，会脱水而死。

还可以用干扰蟑螂对外界震动感受的方法去扑灭它。比如，一见到蟑螂，立即用嘴发出“嘘”的声音，然后迅速去拍打，就比较容易把它打死。

也可用蟑螂药对付蟑螂。主要包括化学类药物、生物类药物、物理类药物、天然类药物。一般投放在蟑螂栖息和活动的场所。

日本国立遗传学研究所的科学家发现蟾蜍（俗名癞蛤蟆）是蟑螂的天敌。这个所的小动物饲养房里，蟑螂一度泛滥成灾，人们束手无策。后来，饲养房里放养了一些蟾蜍，不久，蟑螂便销声匿迹了。经过解剖发现，蟾蜍胃里大多是蟑螂的残体。

美国堪萨斯州的一位科学家研制了一种诱杀雄蟑螂的性味捕捉装置，主要是一种带有气味的有毒黏性纸。这气味同雌蟑螂分泌出来的性外激素的气味完全一样，能把雄蟑螂引诱到黏性捕捉纸上面毒死。只要有一点点这种性外激素，那么，半径 8 米左右范围内的雄蟑螂就能在 5 秒钟之内跳入这种陷阱装置。

门窗上面的小窟窿

如果你的家在南方，并且住在木结构的房子里，也许你发现过：在门板和窗框上面有许多小窟窿。如果把这些小窟窿纵向剖开，就会看到每个小窟窿后面都有一条长长的通道。好端端的门窗怎么会变成了这个样子？原来这是白蚁捣的鬼。

白蚁是世界性的大害虫，遍布热带、亚热带地区，共有1800多种，我国已知的白蚁也有70多种。白蚁要繁衍后代，不断营建自己

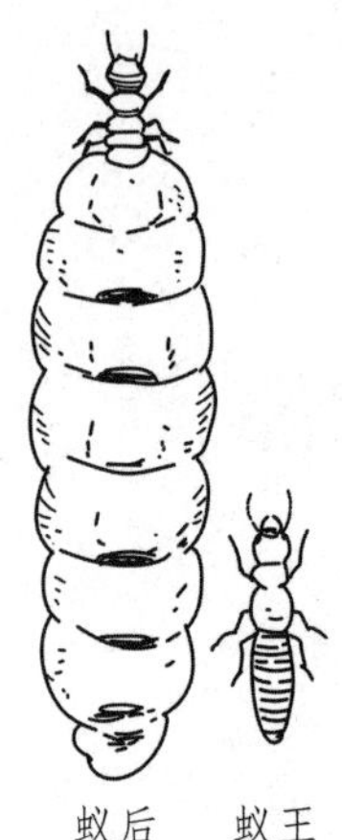
蚁后　蚁王

工蚁

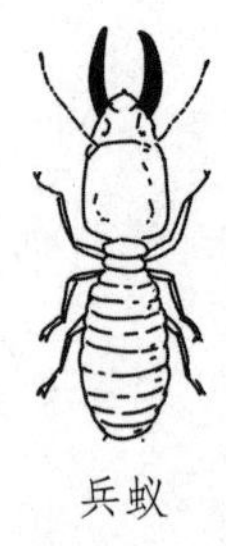
兵蚁

的巢穴。它们蛀食枕木、桥梁、房屋建筑和堤坝等，也在甘蔗、柑橘和其他树木内造穴。平时，它们隐蔽得很好。

自蚁也像蚂蚁那样，是社会性昆虫，有蚁王、蚁后、兵蚁和工蚁等区分。蚁王、蚁后一生中唯一的大事就是生儿育女；工蚁体型小，没有翅膀，也没有生殖能力。兵蚁不但体型大而且上颚像一把锐利的剪刀，是专门保护蚁后和群体的，从不出洞穴。这个“家庭”一旦受到侵犯，兵蚁就挺身而出，先喷出一种有毒的汁液，然后发起猛烈的进攻。工蚁工作繁重，既要担当营巢、筑路和觅食工作，还要喂养蚁王、蚁后和兵蚁，培育幼蚁，充当巢内的清洁工。

白蚁大多呈乳白或黄褐色，长相虽然和蚂蚁相似，但是，你可不能因为白蚁和蚂蚁的长相和名称近似，就当它们是“近亲”啦。

如果你仔细观察，就能够发现：白蚁前后翅的形状、大小近似，在分类上属于等翅目，触角呈念珠状，腹部没有“细腰”；而蚂蚁的前翅比后翅宽大，属于膜翅目，触角像弯曲的膝关节，腹部生有“细腰”。

白蚁嗜好吃木质纤维，因此各种木材成了它的主食。在食物缺少的时候，它连纸张、皮革等都吃。

白蚁吃进木质纤维以后，是怎样消化的呢？说来有趣，白蚁的消化道内寄生着一种原生动物——超鞭毛虫，它能分泌出一种消化酶，帮助消化木材的纤维素和半纤维素，和白蚁一起分享所需要的养料。白蚁在一所屋内驻扎较长时间后，房屋就会被白蚁蛀出大片大片的洞穴，有时甚至会造成梁倒柱裂、墙倾屋塌等事故。

白蚁喜欢温湿的环境，因此我国南方的白蚁危害很普遍。多数种类的白蚁怕光，它们很少在地面上进行破坏，所以，白天人们是很难看到它们的。在湖北荆江大堤上，有辆吉普车驶过，突然陷进了堤里；广东有个水库，有头牛在堤上缓步行走，突然陷进了堤上的窟窿里。后来查明，造成这些怪事的罪魁祸首是白蚁。广东漠阳江的堤坝，有次发生 18 处决口，其中 6 处是白蚁破坏的。

国外的白蚁也干了不少的坏事。在澳大利亚，一大群白蚁曾经咬穿了铅制的墙壁，钻进一个地窖里，把装在木桶里的7000升啤酒“喝”了一大半。然后，又咬穿墙壁进入一家宾馆的房间，把全部的木器家具蛀坏。在斯里兰卡，一大群白蚁把一座监狱的砖墙“咬”了个大窟窿（其实，是白蚁分泌的蚁酸，把砖墙腐蚀了），结果使关押在那里的一批犯人逃跑了。在埃及，有个农民在古坟地挖土，惊动了穴中的白蚁，于是几百万只白蚁涌进城市，建筑物遭到了白蚁的蹂躏。

要解除白蚁的危害，首先得注意预防，修建房屋的时候，地基最好建水泥层，使建筑物同泥土隔开。与地接触的木桩、电线杆、坑木，都要涂上防蚁涂剂。清除房屋四周的枯木、树根等朽木，消除白蚁栖息的场所。发现蚁孔和蚁穴，用灭蚁灵粉剂喷洒或用熏蒸剂熏蒸，采用灯光诱杀、网罩捕杀。

各国科学家都开展了防治白蚁的研究。德国柏林联邦材料检验研究院的实验室里培育着世界各地的白蚁达40种，某些种的白蚁群体有几百万只。科学家们研究白蚁的生态和生理特性，从而研制木材防腐剂和接触性杀虫剂。他们还研制耐白蚁和抗白蚁的合成物。科学家发现，白蚁有种奇特感觉，它们在构筑通道的时候，会受磁场、电场和引力场的影响而随时改变线路和位置。

美国昆虫学家伯德在试验中发现，黑蚁是白蚁的天敌。黑蚁和白蚁如果相遇，就会进行全面的战斗，在较短的时间内，黑蚁会使白蚁的数量减少到1/10。他的第一次试验是在林中和旷野上进行的，把一群黑蚁放到白蚁周围，黑蚁就展开了进攻。过了两星期，白蚁乖乖地把自己的领地让给了黑蚁。另一次，他把泥穴中的黑蚁迁移到居住有白蚁的试验场地附近，两小时以后，白蚁全部撤离了。“以虫除虫”，真是个好办法。

白蚁破坏性很大，可有的时候也能帮人干点儿事情。

国外科学家对土库曼斯坦卡拉库姆沙漠附近的白蚁尸体进行详细分析，发现白蚁身上有银、锶、铬、钛、镍、铜等23种元素。原来，白蚁钻入地下十几米深的地方，饮用含有盐分的水，时间一久，多种金属就在体内聚积起来，它们的身体就含有多种元素。白蚁竟有了特殊功用，可以成为帮助人们寻找矿物的特殊指示器。

米虫不喝水

春夏之交，你可能会看到，家中贮藏的粮食里，有蛀虫在那里爬来爬去，蛀食大米、面粉、玉米和豆粒等。

以粮食为食的蛀虫很多，主要有谷蠹（dù）、谷象、谷蛾、蚕豆象、绿豆象等。幼虫蛀食谷物的内部，成虫能啮食谷粒。有一种黑色、体长、尖“鼻”长“嘴”的米象，它专门把米粒蛀出一个个的小洞。还有一种米蛀虫，是麦蛾的幼虫，乳白色，在米里蠕动着，

能把蛀过的米粒粘成一团。它在米堆里悠闲地生活，不愁吃，慢慢化作蛹，再变成会飞的小麦蛾。

一切生物的生命过程，都离不开水，水是生命的源泉。米蛀虫吃的是干谷物，为什么不会干渴而死呢？

科学家做过这样一个试验：在藏有蛀虫的干燥粮食附近，放置了一些水，结果并没有发现蛀虫去偷水喝的痕迹。他们还解剖了米蛀虫，发现它的身体含水量超过自己体重的一半。蛀虫从不喝水，它身体里的水分又是从哪里来的呢？

原来，粮食中都含有糖、脂肪等营养物质，米蛀虫吃了米粒以后，在体内经过一种特殊的生物化学过程后可以生成水，这是米蛀虫体内的一种特殊水源，能够起到水分的补偿作用。

米蛀虫既然自己能不断制造出水来，于是就拼命蛀食米粒，消化大米，吸收其中的养料，然后转化成更多的水分。许许多多大米就这样被米蛀虫蛀食了。

你现在明白了吧：正是在这种代谢水的帮助下，米蛀虫吃了干燥的米粒，才不会“口渴”，也不会干死。

粮食即使再干燥，里面总是会含点儿水分的，这也给米蛀虫提供了生活、发育所需要的一部分水。尤其在粮食受潮后，含水量会更高，所以更容易生出米蛀虫。当粮食的含水量低于12%的时候，就不利于米蛀虫的存活了。

另外，在温度高、湿度大的季节，空气中的水分含量多，非常适宜米蛀虫的生存。所以，每当潮湿季节过后，常常会看到家家户户都在翻晒存粮，比如大米、蚕豆、绿豆、玉米、面粉等，放在通风处晾晒，目的是让里面的水分尽量挥发，保持干燥，再放到通风地方贮藏起来。粮食仓库贮藏粮食的时候，采用科学管理方法，进行自动记录和调节仓内的温度湿度，保持粮食干燥通风。必要的时候，可真空干燥

处理。过去还曾经用药来熏蒸仓库，以防止蛀虫滋生。家里的米缸里，放些花椒（用纱布包好，每十斤米放一两）、大蒜等，也能收到抑制米蛀虫活动的效果。

毛衣上面的小洞洞

秋天，天气渐凉，人们打开箱子或衣柜准备更换衣服，有时候会发现那些毛线衣、毛料衣裤和毛毯上面，稀疏地分布着芝麻粒般的小洞。再仔细瞧瞧，用手拍几下，就有一条条小虫跌落下来，这就是蛀虫。

你知道吗，喜欢生活在毛料衣物当中的蛀虫叫皮蠹衣蛾。这种衣蛾是鳞翅目的昆虫，身长有 10 毫米，像蚊子一般大小。在光线比较暗的时候，衣蛾在室内飞翔，把卵产在毛织物上面，等卵孵化成幼虫以后，开始蛀食毛皮、呢绒等织物。

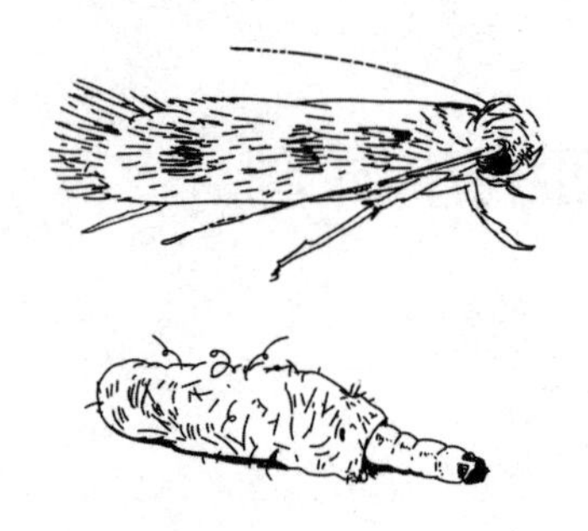

它为什么喜欢蛀食毛料呢？原来，这种昆虫同其他害虫一样，需要蛋白质、脂肪等各种营养物质。而毛织物纤维是由羊毛、兔毛或者骆驼毛等动物毛编织而成的。这些柔软而又坚韧的毛纤维，主要含有一种叫角蛋白的成分。

据英国科学家研究，在蛀虫的消化道里，能够分泌出一种角蛋白酶，这种酶有助于衣蛾消化角蛋白。

人们曾经做过这样的实验：在瓶子里放进一些衣蛾和碎毛线头，几天过后，碎毛线头全部不见啦！很明显，是衣蛾把它们吃掉了。

衣蛾的繁殖能力很强。每年四五月间，成虫在室内飞翔，进行婚配。雌虫和雄虫一个接一个地去寻找毛织物做窝，然后产卵，卵孵化成幼虫以后，就把毛织物当作“粮食”仓库，在里面发育成长，传宗接代。它们如果“子孙满堂”，毛织物就被蛀成百孔千疮了。

所以，衣服，特别是毛织物要洗净、晾干，然后入箱保藏好，里面再放些用薄纸包裹的樟脑片。这样，衣蛾就无处藏身了，毛织物也就不容易遭虫蛀啦！晒毛织物的时候，不要在衣蛾繁殖的季节晒；在其他时节晒的时候，要把毛织物拍一下，这样衣蛾也就无机可乘了。

另一种蛀虫衣鱼，身体是扁长的，腹端有两条等长的尾须和一条比较长的中尾丝，满身披着银色的细鳞，没有翅膀。它常常栖息在衣服和书籍当中，啮食上面的糨糊和胶质物。

衣鱼以书籍为“家”，在书里面生活、繁殖，连尸骨也埋葬在书堆里。阴暗、潮湿、发霉的环境是衣鱼的“乐园”。家里的书橱和图书馆的书库里，许多古籍、善本、珍本，一旦被衣鱼蛀蚀，令人惋惜。

对付衣鱼最重要的办法是，藏书的地方要通风、洁净、少尘，这样就使衣鱼失去繁殖的“温床”。还要经常整理书籍，把衣鱼从书缝里拍打、抖搂出来杀死。

菊黄蟹肥的时候

深秋时节，菊黄蟹肥。刷洗螃蟹，一不小心，手指常被蟹螯钳住，可疼呢。

捉蟹的时候，只要用大拇指和中指捏住它的头胸甲两侧，它就不能得逞啦。

螃蟹肉质白嫩，黄肥脂厚，滋味鲜美，营养丰富。自古以来，蟹的美味一直受到赞赏：“螯封嫩玉双双满，壳凸红脂块块香。”

也许，你对蟹的那副长相感兴趣。它背着个大圆甲壳，胸部两侧长有一对大螯足，四对细长的步足，腹部萎缩成卷曲的脐。它全身披甲，横冲斜闯，爬行时用一侧的足尖抓住地面，另一侧的步足在地面上直伸起来，推动身体行进。人们叫它“横行介士”。螃蟹另一个称号是“无肠公子”，说它内脏不全。其实，它是有消化系统的。你揭开蟹壳，就看到前面有一个白色的囊,里面是半消化的动植物食料，这就是它的胃。再把蟹脐翻开，看到脐内正中央有一条黑色的隆起物，这是它的肠子，里面是黑色的粪便。肠子上边连接胃，下边通达脐尖端的肛门。你把蟹身体翻过来，看到上面两侧有许多松软的、灰白色的条状物，这是它的鳃。蟹从螯足和步足基部下方的入水孔吸进水，经过鳃，水中的氧气进入血液，水由口器两边吐出来。

蟹活着的时候，壳是青灰色的，一经蒸煮，

它就变为橘红色了。蟹会变色，这是由于蟹壳下面的真皮层中散布着各种颜色的色素细胞，尤其虾青素细胞最多。别的色素在高温下很容易被破坏、分解掉，只有虾青素不容易被破坏，使蟹壳变为橘红色。蟹壳和附肢的背面虾青素多些，颜色就深些；蟹壳和附肢的腹面没有虾青素，所以煮熟以后仍然呈白色。

吃蟹、选蟹，要选蟹壳青色发光、蟹肚洁白、蟹脚结实的新鲜活蟹，用清水冲洗干净，锅内放些紫苏，煮熟蒸透。蟹要现蒸现吃，盛蟹容器要用开水烫过，拿蟹前洗干净手，吃蟹时要把蟹鳃、蟹胃、蟹肠等去掉，蘸些姜末醋。注意不要因为蟹肉鲜美而暴食。少数人有吃蟹过敏的反应，不吃为宜，以免引起皮肤上长风疹块，或者引起恶心和呕吐等。

吃完蟹了，蟹壳倒也不必当垃圾扔掉。其

实，蟹壳的用处可大哩。

蟹壳成分一半是一种叫甲壳质的多糖类物质，它经过浓苛性钠溶液处理，就可以得到一种叫酮酸的白色物质。食品工业用酮酸作为处理废水的凝结剂，因为它毒性低，沉淀物干燥

以后，处理很简单，还可以当作肥料使用。

日本科学家通过试验，用甲壳质生产“体内可溶手术线”，以代替现在使用的“羊肠手术线”。甲壳质线可以被体内的溶菌酶分解吸收，也不容易产生排斥反应。

细菌捣鬼

你一定有这样的生活经验：家里的食物，如鱼肉、粥饭等，保存不好，不多几天，甚至只有几小时，食物就会变质，腐烂变馊啦！

是什么使食物腐烂、变馊呢？主要是细菌在食物里作怪和捣乱。

细菌是人类看不见的敌人。人们吃了烂的、馊的食物，会引起食物中毒。细菌还会引起人和动物许多传染病的蔓延，以及植物病害的滋生。但是，细菌也不全是干坏事的，许多细菌还是我们的朋友哩！

在显微镜下面可以清楚地看到细菌的相貌。细菌是微生物中的一个大家族，种类繁多，长相奇特。有的像小棍棒，叫杆菌；有的像小圆球，叫球菌；有的像小弹簧，叫螺旋菌。它们都很小，要用微米来测量（1 微米等于 1/1000 毫米）。据说，人们最初发现细菌的时候，第一次看到的是杆菌，身体极微小，给它取名叫“棒棒”，后来，科学家就叫它细菌。细菌真是微乎其微，几万个细菌排起队来，不

过葵花子那么长，一滴水中就能容纳亿万个细菌。

尽管细菌模样不同，却有个共同特征：它们都是单细胞的生物，形态结构简单。细菌的细胞是由细胞壁、细胞膜和细胞质等部分构成的，都没有成形的细胞核。细菌靠无性繁殖，就是以自身分裂，一变二、二变四的方式来传宗接代的，因此，它们没有雌雄之分。

地球上到处都有细菌的足迹。在天空、陆地和水中，它黏附在冰雪、灰尘、垃圾和各种物体的表面，还钻到动植物的体内。科学家曾经在 4 万多米的高空中搜集到飘浮的细菌，在南极常年冰盖下 128 米深的岩石中，发现了有生命力的细菌。

细菌很小，虽然肉眼看不见，可是你时时刻刻都在同它打交道。你的头发、指甲、皮肤和鼻黏膜上，口腔和消化道里，都有细菌。可以说细菌无孔不入，无处不藏身。空气中的尘粒，黏附着各种细菌，比如酸败细菌、乳酸杆菌、变形杆菌、葡萄球菌等，随风飞扬，落到食物上面，就在那里大量繁殖。夏天，一个酸败细菌，一昼夜就能分裂出成亿个来；葡萄球菌落到饭菜上，几小时内也“子孙满堂”了。美味的食物，一经细菌“光顾”，很快就会发酸变质，人们吃了变质的食品，可能会引起中毒。

有种嗜盐菌，寄生在淡水产或海水产的鱼、虾、蛤、蟹上面，繁殖速度非常快，生命力很强，它在冰箱中也能存活两个多月。但是它不耐热，也不耐化学药物，在80摄氏度的时候，1分钟内就能杀死它，在普通食醋中，3分钟就可以消灭它。你在加工或烹调这些食物的时候，如果不注意卫生，没有煮熟蒸透，在食物中它仍然会大量繁殖，人吃了以后，也会引起食物中毒：恶心、腹痛、腹泻，接着发生剧烈的呕吐，甚至危及生命。

热天，为了防止饭菜变馊，做饭要适量，吃多少，做多少，尽量不要剩下。万一饭菜有些剩余，需要及时放入冰箱保存。

馒头和酒酿

许多人家里常做馒头、发糕等面食，既松软，又好吃。

你知道这又香又软的面食是怎样做成的吗？原来这里面多亏了酵母菌的功劳。

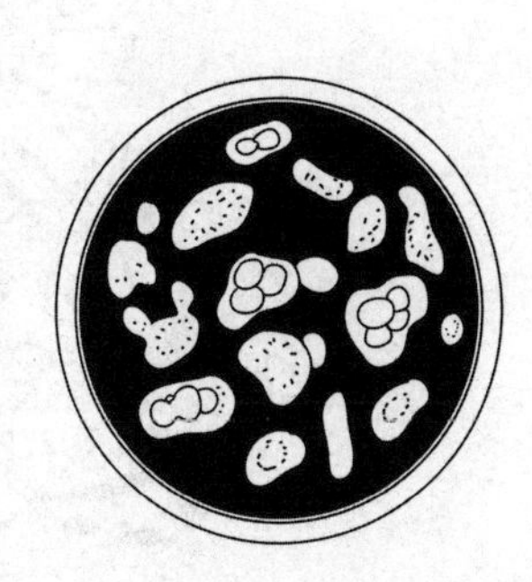

酵母菌是一种真菌，广泛分布在自然界，是一种重要的发酵微生物，能分解碳水化合物，产生酒精和二氧化碳。它种类很多，人们常

用的有面包酵母、酒精酵母、葡萄酒酵母、啤酒酵母、饲料酵母等。它们的个头都很小，在显微镜下面呈圆球形、卵形和椭圆形等，1000个酵母菌排列成行，也只有1厘米长。

酵母的利用，在我国有着悠远的历史。古代地理书《山海经》里记述了猴子喜爱喝酒的趣事：果树漫山遍野，果子吃不完，常常落到地面低凹处。果子里的汁液溢出来，经过空气

中的酵母菌作用，糖变成了酒精，就有了“果子酒”，猴子最早尝到了美酒滋味。后来，人们偶尔尝到了这种味美的酒，最终学会了酿酒。古人叫酵母为粬（qū）或麴（qū），最早用于酿酒。《周礼》中说的“酏（yí）食”，就是以酒酿为主料，掺进其他粮食做的饼，也就是现在的酒酿饼。

酵母用于发面，大约开始于晋代。《齐书》中记载，“太庙四时祭荐用起面饼”。这就是用面粉经过酵母发酵制成的又松又软的饼。因此，酵母也叫起面。

现在，市场上卖的鲜酵母，用来做馒头很好。鲜酵母会利用面粉中的淀粉做养料，繁殖得很快，不断分解成酒精和二氧化碳。由于菌体大量繁殖，还产生出各种蛋白质、维生素B、细胞色素和生理活性物质等，对人体很有利。

同样用鲜酵母制作面食，馒头就不如面包的营养价值高。这是为什么呢？原来，面包在制作过程中，还加进了一些糖和油脂等佐料，经过两次发酵，酵母繁殖更多，由此产生的营养物质也多。面包比馒头更松软，产生的热量也多，更容易被人体消化吸收。

酒酿是怎样制作的呢？把糯米蒸熟以后，把饭摊开，等到饭凉了以后放进酒药搅拌，然后把饭放进经过消毒的有盖的容器中，用干净的饭勺把饭压紧，中间扒出个圆柱形的洞，最后，加盖保温。室温在27摄氏度左右的时候，只要经过一两天，酵母菌就能帮你酿出香甜的酒酿了。

啤酒又是怎样酿造的呢？道理也是一样。啤酒是用麦芽经过糖化，加进啤酒花，由酵母菌发酵制造的。啤酒花也叫蛇麻花，绿色，带有幽香，含芳香油、苦味素和单宁等成分。啤酒发酵后，还产生了少量的甘油、乳酸、醋酸和大量的二氧化碳。难怪喝啤酒的时候，就会闻到那种花香、麦芽香，并尝到淡淡的苦味了。

馒头和面包里的小窟窿，就是酵母菌分解淀粉产生的二氧化碳受热膨胀留下的痕迹；啤酒开瓶时发出的哧哧声，不断泛起的白泡沫，也是二氧化碳冒出的气泡。

藕断丝连

“秋风起，藕节肥”，鲜藕又上市了。藕可以制成美味的菜肴，糯米藕、糖醋藕丝，吃起来别有风味。藕还可加工成藕粉。鲜嫩的藕还可以生吃，又甜又脆。

当你把藕掰断或吃生藕的时候，就会从藕茎里拉出长长的藕丝。《采莲曲》中的“折藕爱连丝”，成语中的“藕断丝连”，说的都是折不断的藕丝。

为什么藕断后丝仍相连呢？

藕是莲的地下茎，叫作根状茎。在整个莲的身体里，其实不只是藕中有丝，其他部分，比如叶、叶柄、花梗和莲蓬，在折断以后，也都有丝相连。原来，植物生长的时候，需要有运送水和溶于水的无机盐的系统。植物的运输系统，主要是导管，它是由一些空心的筒形细胞上下连接而成的。导管内壁细胞的形状各不相同，有球形的、环形的、梯形的、星形的、网形的等。这样看，导管的形态也是多种多样的。藕茎里用来输送水分的导管内壁上有一层叫次生壁的组织，形成环形和螺旋形的花纹，有维护导管的作用。其中，螺旋形花纹的木质纤维素，具有一定的弹性，藕或花梗被折断的时候，螺纹导管在一定程度上会像弹簧似的被拉长而不断，这样就能抽出十多厘米长或者更长的丝来了。

藕丝是很纤细的丝，在显微镜下观察，它并非圆柱形，每根藕丝都是扁平的带状螺旋体，由 3 到 15 条更细的丝紧密排列组成，每条细丝的直径大约是 3 到 5 微米。由于藕丝不是平直的，而是像弹簧一样为带状螺旋体的形状，所以具有一定的弹性，把它拉长以后，仍旧可以缩短。

你如果用锋利的刀来切藕或花梗，那么带

状的螺旋体就会被破坏，所以藕断丝也断了。

你看见过草药杜仲吗？你把一块杜仲的皮用力掰断，在裂口的地方也有银色的细丝维系着。这种细丝同藕丝的性质完全不同，它不是植物的组织，而是一种黏性的分泌液，也叫杜仲胶。

菠菜烧豆腐

许多人喜欢吃菠菜。青炒菠菜，碧绿清爽，镶有红根，色彩诱人；菠菜咸肉排骨汤、菠菜豆腐汤，色香味俱全，味美可口。菠菜虽然略带涩味，余味却是甜滋滋的。

民间也流传菠菜烧豆腐是名菜，所谓“红嘴绿鹦哥和金镶白玉板”，说的就是菠菜和油煎豆腐。

对于菠菜和豆腐同时煮成菜，历来就有不同的说法。有人说，菠菜里含有大量的铁和维生素，豆腐也是营养丰富的食品，两者同煮，互相补充，营养价值更高了。但是，也有人说，菠菜中含有大量的草酸，它能同钙起化学反应，形成草酸钙，所以，菠菜和豆腐一起煮，会使豆腐中所含的钙质沉淀出来，不能被人体吸收利用。因此，菠菜和豆腐一起煮不好。

究竟哪一种说法对呢？这先得从菠菜和豆腐的营养成分说起。

菠菜的营养价值比较高，含有丰富的蛋白质、多种维生素和各种矿物质。在100克菠菜中，含有2.6克蛋白质，2.9克胡萝卜素，同胡萝卜里的胡萝卜素含量相当。

豆腐是用大豆做原料制成的，豆浆里加上石膏或盐卤以后，就会凝成豆腐。豆腐含有蛋白质、脂肪、糖、维生素B，还含有钙、磷、铁等，也是营养丰富的食物。

加热烧煮菠菜时，菠菜中的一部分草酸可同其他可溶性营养成分一起溶于水。这些草酸如果不除去的话，很快会在胃肠道里被吸收而进入血液，同身体中的钙结合，然后在尿里逐渐排出。这不利于结核病人病灶的钙化，而且对孕妇、少年儿童的牙齿生长和骨骼发育都是不利的。

那么，当菠菜和豆腐一起煮的时候，溶解

在汤里的草酸会和豆腐中的钙发生反应吗?

在100克豆腐里，约含有0.16克钙，由于这些钙是和蛋白质结合在一起的，因此，在和菠菜同煮的时候，这些钙并不会和汤里的草酸发生反应。人们吃了菠菜烧豆腐以后，豆腐被胃液慢慢消化，钙质分解出来，其中一部分钙同草酸结合，变成草酸钙，通过消化系统排出体外。其余的大部分钙仍可作为营养被人体吸收。因此，吃菠菜烧豆腐，不仅不会影响人体吸收豆腐中的营养成分，而且还可以有效除去菠菜中的草酸。

由此可见，菠菜配豆腐做菜，不仅无害，反而是有利的了。

你如果想去掉菠菜的涩味、降低草酸含

量，不妨这样做：把菠菜放在开水里煮上一两分钟，然后捞起，这时候，菠菜里含的草酸大多就会溶在开水里了。把菠菜捞出来再炒，或同豆腐一起煮，不但能去除涩味，还能保持营养成分。

菠菜还有药用价值。现代医学已经把菠菜用作滑肠药，主治习惯性便秘，或久病大便不通和痔漏；而且它还能促进胰腺分泌胰液，帮助消化。

花香治病

人们爱花，因为花儿艳美，不少花还带有香味。花香从哪里来？原来，植物体内含有一种挥发性的芳香油，叫作酯，当酯挥发的时候，就香飘四方了。

香花可以熏茶，还可以提炼出芳香油。玫瑰、白兰、蔷薇、茉莉、丁香和桂花炼制的芳香油十分名贵。植物的芳香油，不仅花瓣中有，在有些植物的叶片、果实、种子和根里也有。比如留兰香的叶子里，茴香的种子里，柠檬的果实里，鸢尾草的根里，都有芳香油。

你听说过吗？植物散发的芳香，不仅能杀死细菌，保护自己，抵御病害，还能够为人们防病和治病哩！

远在3000多年前的我国商代，人们就已经会利用花的香味了。那时候，宫廷和民间盛行熏香，用香汤沐浴，用香球、香囊挂在庭园里，利用花香来驱虫、调节人的心情。端午节，民间有一种风俗，在家门口悬挂艾叶，这是由于艾叶散发的芳香气味，能提神醒脑，对周围空气有消毒、杀菌作用。用艾叶提炼的艾油，有消炎、杀菌、抗疟、驱蛔虫和止血等作用。

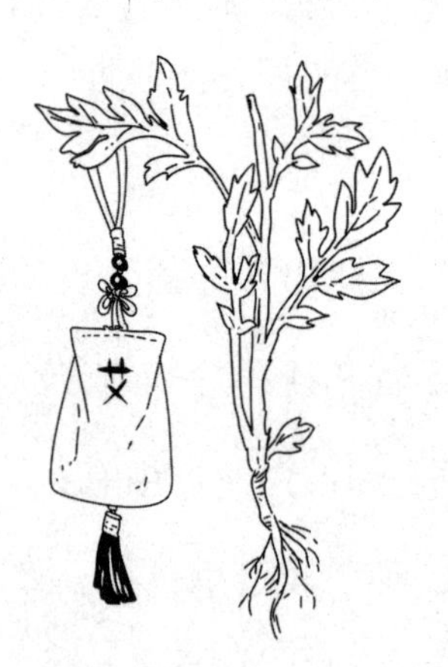

现代科学的研究证

明，植物除了能分泌杀菌素以外，杉树、松树、枞树、桉树等还能散发出一种芳香的萜（tiē）烯类气态物质，比如松节油、薄

荷油等都是含有萜的物质。这类物质被吸进人的肺里以后，可以刺激人的某些器官，起着消炎、利尿和加快呼吸、促进器官纤毛运动的作用。人们吸进花香以后，传到神经系统，能起到抑制或兴奋作用，可以活跃或者稳定中枢神经系统的机能。

我国科学家通过临床试验表明，菖蒲芳香油、香叶油、柠檬油、薄荷油等，对慢性支气管炎等疾病，有较好的平喘作用。天竺葵油有镇静神经的作用，香味内含香叶醇、香草醇、薄荷酮等，对呼吸器官有消炎、杀菌的作用。

很早以前，法国人就把薰衣草当作家庭良药，用它来治疗头痛、气胀、疝气和神经性心跳等疾病。实验分析证明，薰衣草含有芳樟醇、桉叶素等几十种药效成分，有利于人体健康。

20 世纪 60 年代，法国政府对一批工厂女工进行了一次肺部检查，发现在香水厂工作的女工，竟没有一个患肺病的。因此，许多医学家认为，某些香精对人体的肺和气管起着卫生保健作用。

当时苏联和瑞典等国家，利用花香来为人们治病。阿塞拜疆首都巴库的疗养区，是世界上第一个利用花香来治疗疾病的地方。在科学家的帮助下，医生们不仅掌握了植物的特性，而且在栽培时注意加强植物这种特性的培育。治疗的方法主要是让病人吸进一定剂量的植物香味，再配合其他保健疗法，比如公园散步、医疗体操等。他们用 15 种植物的香味来治疗心血管病、气喘、高血压、肝硬化、神经衰弱和失眠等症。人们称这个疗养所为“健康公园”。

德国、日本等国在飞瀑、泻泉的山林里修建疗养所，接收病人进行“森林浴”。医生让病人做穿林跑步和上树活动，多出汗，增加呼吸量，就是让病人多多呼吸树林中的新鲜空气和树木散发出来的一些芳香物质。

科学家对各种花香进行化学分析，掌握了组成花香的各种化学成分，再用人工合成的方法制造出各种化学香精。它们既可以用于治病，还可以减轻人的精神疲劳，提高学习和工作效率，在人们的日常生活中发挥作用。

平时，人们用的洗涤剂、洗发水、驱蚊油、香皂、香水等，都散发着芳香，使生活中充满清新的快意。

绿叶净化空气

假日里，你到田野、公园或山林走走，看到绿树成荫，芳草遍地，作物繁茂，一片生机勃勃的景象，空气清新，令人心旷神怡，精神舒畅。绿色世界是多么美啊！

你知道，这一切好处，都是绿色植物带来的。可是，绿色植物又是怎样默默工作的呢？

地球上的人类和一切动植物，都要进行呼吸：吸进氧气，呼出二氧化碳。随着人口的增长和现代工业的发展，对氧气的需求量越来越大，二氧化碳的排出量也越来越多。但是，氧气和二氧化碳在大气中的含量却变化不大，这是怎么回事呢？

原来，地球表面的陆地上覆盖着大约50亿公顷的森林和30多亿公顷的草地。绿叶的细胞里有大量的叶绿体，它含有一种绿色的色素——叶绿素。据科学研究表明，绿叶是一个奇妙的“绿色工厂”，它的“车间”是叶绿体，“机器”是叶绿素，动力是太阳光。通过光合作用，绿叶把吸收的二氧化碳和水加工制造成淀粉，并且放出氧气。虽然植物也通过呼吸作用吸收氧气、排出二氧化碳，但由于白天光合作用吸收的二氧化碳要比呼吸作用排出的二氧化碳多20倍，所以，总的来说，还是消耗了空气中的二氧化碳，增加了空气中的氧气。

据测定，每公顷森林每天可以吸收大约1

吨二氧化碳，生产出 0.73 吨氧气。1 平方米草地每小时可以吸收 1.52 克二氧化碳，每人每小时呼出二氧化碳大约 38 克。

一个成年人每天需要消耗 750 克的氧气，排出将近 1000 克的二氧化碳。因此，10 平方米面积的树木或者 50 平方米面积的草地，可满足一个人一天所需要的氧气，并吸收他呼出的二氧化碳。如果没有这样的循环，没有绿色植物，人和动物就不能活在世界上了。

随着现代工业的迅速发展，工厂散发出的许多烟尘和毒气污染着环境，主要包括二氧化硫、氟化物、硫化氢、氯气、氮氧化物以及放射性废物等。植物是大气的天然“净化器”。臭椿树、夹竹桃、柳杉、丁香、银杏、洋槐等树木的叶子，有吸收二氧化硫的作用，1 公顷的柳杉每年可吸收 720 千克二氧化硫；女贞、刺槐、桧柏的叶片，有比较强的吸氟能力；合欢、紫藤、木槿有较好的抗氯和吸氯本领；樟树和悬铃木的叶片，有良好的吸臭氧能力。不少常见的花卉，比如石竹花、鸡冠花、水仙花和一串红等，有吸收二氧化硫或抵抗氯气的作用。

植物也是大气的天然“灭菌器”。植物分泌的杀菌素有挥发油丁香酚、天竺葵油、肉桂油、柠檬油等，都能杀菌。1 亩松树，一天一夜就能分泌出 2 千克杀菌素，它可以杀死白喉、肺结核和痢疾等病菌。柳杉、白皮松的分泌物，能在 8 分钟之内把细菌杀死。地榆根的分泌物，在 1 分钟之内就能把细菌歼灭。据法国环境保护工作者测定，每立方米空气内的含菌量，百货商店里是 400 万个，林荫道是 58 万个，公园内是 1000 个，林区草地只有 55 个。因此，法国提出绿地覆盖率应达50%。

植物是天然的“吸尘器”。风沙弥漫的气流吹过森林，由于枝叶的滞留、吸附，含尘量可以大大减少。大片草地厚密的地方，会自动接收、吸附、过滤空气中的尘埃。1公顷的山毛榉树，1年内吸附的粉尘多达68吨。

空气中含有负氧离子，在每立方厘米的空气中，一般居室内约有25到450个，城市街道有100到450个，公园有170到1000个，在海滨、瀑布、山林等旅游、疗养胜地则有多达一两万个负氧离子。如果你所在的场所缺少负氧离子，时间久了就会头痛、恶心和

心神不安，还容易患病。森林和田野负氧离子比较多，它能促进人体新陈代谢，使呼吸变得均匀，血压下降，精力旺盛，还可以提高免疫力。负氧离子由此而得到了一个美称“空气维生素”。

人们曾经这样说，绿地草坪是“大地之肺”，还把森林誉为“绿色的卫士”。

人人动手，植树造林，绿化祖国！让荒山变成花果山，让城市成为“花园城”。少年朋友们，你在祖国未来的绿化蓝图中将做些什么呢？

霉菌的功过

日常生活中，你常常会碰到这样的事：穿过的衣服、鞋帽，用过的皮包，吃剩的馒头、糕点，放置的水果、酱制品等，放上一段时间后，它们上面有时会长出一点点、一堆堆、一簇簇绒毛般的东西，还散发出一阵阵难闻的霉味。

特别是在雨季黄梅天，这种长霉的现象更是常见！你肯定很讨厌这种霉味吧？

霉是什么呢？霉属于真菌，叫霉菌。常见

的霉菌有根霉、毛霉、曲霉和青霉等。

自从显微镜发明以后，人们对霉菌了解得更清楚了。霉菌形成的菌落，开始的时候颜色很淡，随着菌丝不断扩展蔓延，颜色就逐渐加深；常见的有黑、绿、白、灰、棕和土黄等色。它们的形状，有的像绒毯，有的像棉絮、蜘蛛网，菌丝宽几毫米，肉眼往往也能看得见。菌丝是单细胞的或者多细胞的分支，上面还能产生出孢子进行繁殖。

应该说，霉菌对于人类有功有过。有些霉菌会引起衣服、食物和物品的霉烂，使人和动植物得病。比如，小麦赤霉等会引起粮食作物病害，黑根霉让甘薯得软腐病，青霉让柑橘得青霉病等。

你买的橘子，时间放长了，橘皮会腐烂，周围是绿色的一圈，上面竖立着许许多多绿绒毛。你剥开橘皮，发现里面的橘瓣也烂掉了。如果尝一下，苦苦的，一股怪味。这是青霉在作怪，它分解吸收橘子里面的营养，供自己发育，并排出废物，腐蚀整个橘子，使橘子从外表一直烂到里面。人们吃了这种腐烂的橘子以后，带苦味的毒素就会在消化道里滞留，引起不同程度的肠炎或胃炎。

发霉的花生和玉米，往往是寄生了一种黄曲霉菌，其中有些菌株会产生一种带有荧光的黄曲霉毒素。人、畜吃了发霉的花生、玉米以后，常会引发肝癌。这种毒素要在280℃～300℃才会被破坏，一般的煮或炒，是达不到这个温度的，因此发霉的花生和玉米千万不能吃。

霉的利用在我国有很久的历史了。周代，有种专职的官员，专门从黄色曲霉中取得一种黄色的液体，来染制皇后穿的黄色袍服——黄衣。古人不仅早就知道用霉来制酱，还懂得用豆腐和糨糊上的霉来治疗伤口出血和疮痈等疾病，能起消炎和愈合伤口的作用。

豆腐乳怎么那么好吃呢？原来，它是用豆腐切成小块，接种了毛霉菌而制成的。这不仅不会对人体有害，而且还把豆腐中的蛋白质分解成氨基酸和其他有机酸等营养成分，吃起来就更鲜美可口了。

曲霉中的米曲霉、酱油曲霉在发酵工业中有重要作用。用它可以酿制酱和酱油，还可用来生产淀粉酶、蛋白酶和磷酸二酯酶等。

霉菌除了进行食品加工以外，还可以生产工业原料，比如柠檬酸、甲烯琥珀酸等；制造抗生素，比如青霉素、灰黄霉素等。青霉素的发明和使用，曾经在第二次世界大战中挽救了

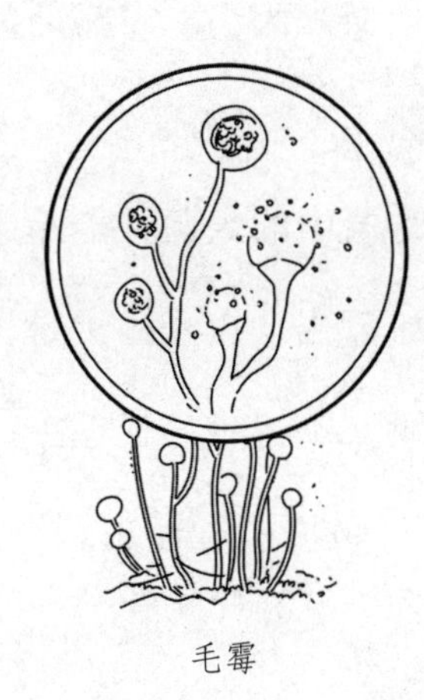

毛霉

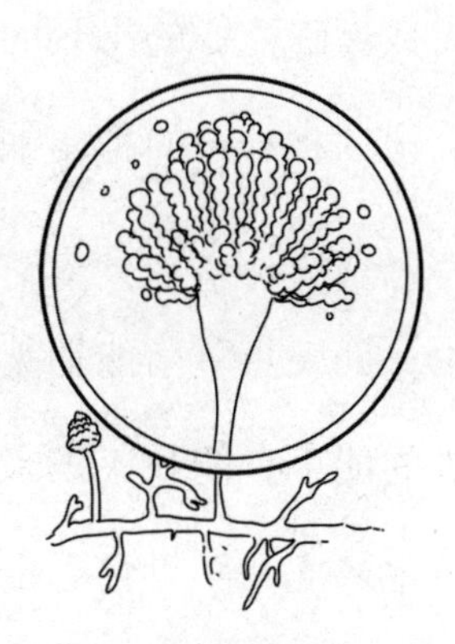

曲霉

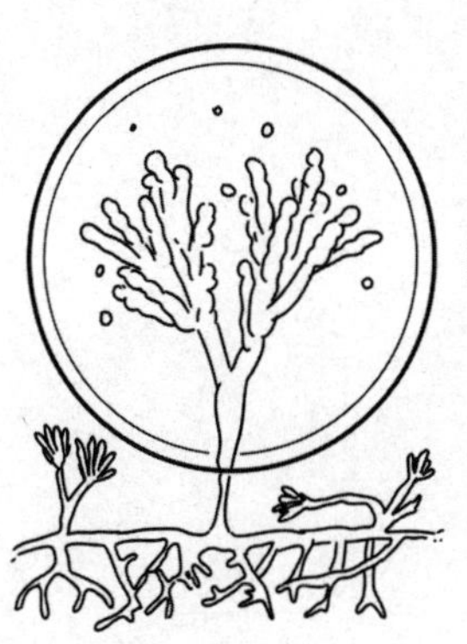

青霉

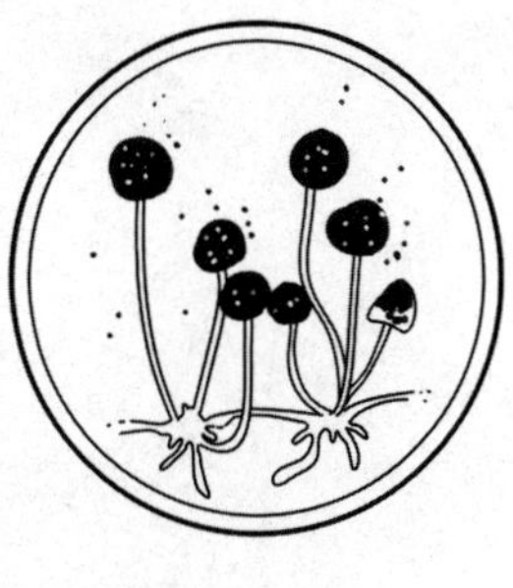

根霉

无数濒临死亡的士兵的生命。因为，青霉菌能分泌一种神奇的抑制细菌生长的物质。

现在，人们发现，霉菌中的蝗菌，能治蝗虫；武氏虫草菌能消灭松毛虫。白僵菌更是杀虫的能手，能扑灭玉米螟、茶毒蛾、松毛虫、黄地老虎和苹果食心虫等3000多种害虫。

蚕宝宝的一生

你也许养过蚕吧，养蚕是一件既有趣又忙碌的事情。每天，你都要采新鲜的桑叶喂蚕。

你看那一片片的桑叶上，趴着一只只滚圆肥胖的春蚕，它们不停地咀嚼着桑叶，发出沙沙的声响，排出一粒粒黑色的粪便。

你常常驻留在小蚕的身旁，关爱地瞧着它们，盼望它们能快快长大。可它们总是按照自己的速度生长：先从卵里孵化出蚁蚕，慢慢长大，在 40 多天里，经过 4 次蜕皮，到蚕身变得透明，最后吐丝结茧。

实践出真知。你每养一次蚕，就会懂得不少科学知识。

蚕主要吃桑叶，有时也吃柘（zhè）叶、榆叶、蒿柳叶、无花果叶、生菜叶、莴苣叶等叶片。这是什么原因呢？原来，蚕长时期生长在桑树上，桑叶里含有一种蚕醇，能散发出类似薄荷的气味，蚕对这种气味很敏感，在自然选择中逐渐形成了爱吃桑叶的特性。

幼蚕是怎样长大的呢？原来要经过几次蜕皮，小蚕才能变成大蚕。蚕的脑能分泌出一种脑激素，这种激素能使蚕体内产生两种不同的激素。一种是保幼激素，在蚕蜕皮以后使它继续保持幼虫的面貌；另一种是蜕皮激素，能促使幼虫加快成熟。它们相辅相成地推动着幼蚕的成长。经过 4 次蜕皮以后，保幼激素的分泌基本停止，而蜕皮激素的分泌加强，蚕就很快成熟了。蚕蜕皮的时候，不吃不动，进入休眠期。

蚕吃的是绿桑叶，为什么吐出来的是白色的丝呢？蚕体是一座奇妙的“加工厂”。原来，桑叶中含有蛋白质、糖类、脂肪和水等成分。蚕吃了桑叶以后，经过消化分解，桑叶中的蛋白质和糖类就变成了绢丝蛋白质，再变成绢丝液，绢丝液从丝腺体里分泌出来，遇到空气以后，就凝固变成了蚕丝。

当你看到蚕吐绢丝、结茧自缚的时候，有没有想到：这种温驯的小动物，给世界带来了轻盈细柔、色彩缤纷的丝织品——绫、罗、绸、缎、绢、纱、绉、纺，它们像春天的花朵那样美丽。

蚕丝是中国人的骄傲。相传，养蚕缫（sāo）

丝的方法是4000多年前嫘（léi）祖发明的。根据浙江吴兴发掘到的新石器时代炭化了的丝绒、丝带和绢片，说明我国至少在3500多年前已经饲养蚕了。考古工作者还发掘到战国时期的“采桑图”，它描绘了当时劳动妇女采桑养蚕的情景。汉代的养蚕、丝织技术盛极一时，“丝绸之路”把中国的丝织品传到罗马。公元6世纪，有两个在中国住过多年的印度传教士到东罗马去，见到皇帝查士丁尼，提起中国的养蚕法，查士丁尼要他们把蚕种带回东罗马。后来，这两个印度传教士就在新疆一带，把蚕种藏在空心手杖里，带到东罗马。从此，东罗马帝国皇宫里的人就学会了养蚕、缫丝、织绸。

蚕的一切都可以利用。蚕茧里面的蛹，可以榨油，叫蛹油；蛹还可以炒食。蚕沙（蚕屎）、蚕蜕、白僵蚕等都可以入药。珠江三角洲的农业特色是“桑基鱼塘”，即挖泥成塘，塘中养鱼，堤边种桑，桑叶养蚕，蚕屎做鱼饵，塘泥做桑肥。蚕屎里含有蛋白质、叶绿素。蚕吃桑叶，并不吸收叶绿素，叶绿素只是在蚕体内浓缩后，伴着蚕屎排泄出来。从蚕屎提取叶绿素，比从植物叶子提取效率要高几十倍，费用又低。叶绿素是医药、食品、化妆品工业等不可缺少的原料，叶绿素经化学处理制成的植物醇，可以合成维生素 E 和维生素 K。把叶绿素进一步加工，可以制成贵重药品叶绿素铜钠盐，这是医治肝炎药物和消化道溃疡药物的主要原料之一。

花好就得用心栽

家里的房前屋后、阳台窗台上，种些花草，放些盆花，窗前一片浓绿，繁花似锦，既可增添生活情趣，还可以获得养花的知识。

如果要花好，就得用心栽种。种花也是一门技艺，只要摸索出一些花卉的特性，探求到一些培育经验，细心护理，就能收到花繁叶茂的效果。

盆栽花卉，在播种、扦插、换盆的时候，要注意选择适用的花盆。家庭养花最好用瓦盆，它经济实用，通渗性好，有利于花木根系的呼吸和生长。种一般花卉，选用口径比盆高大半倍的普通盆；播种、扦插花卉，选用小浅瓦盆；种植根系发达的花卉，要用深盆。釉陶盆、紫砂盆、彩瓷盆，虽然雅致古朴，但通渗性能差，多用作套盆。

盆栽每年要换盆。因为，花盆一般较小，营养面积有限，花草长了一年以后，根系生长得很快，盆土中的腐殖质和微量元素等营养成分大多被吸收完了，需要补充养分。同时，根系在生长过程中，部分根的吸收功能又减退。每年冬春之际，植物处于休眠阶段，这时候进行换盆，增添新土，剪除老根的话，就可以在来年不断萌生新根，植株就会旺盛地生长。

浇水是养花的一种基本功。浇水要做到适时适量，不干不浇，浇要浇透。用什么方法来识别盆土干和不干呢？一是看，盆土如果呈现出白灰色，这是干了；二是摸，如果感觉硬邦邦的，这也是干了；三是听，用手指弹弹瓦盆，听到“哐哐哐”的声音，这说明盆土干了。这时候，你就得浇水了。

花草的习性不同，生长的季节也在更替，浇水也要根据季节来变化。春、夏、秋三季，多数花草处在生长或开花的时候，需要的水分就多些，水要浇透浇足，不要只浇湿盆的一

半。特别在夏季高温天气里，晴天早晚各浇一次水。春秋季节，也可以在中午前后浇水。冬天，花草进入休眠期，有些花草放进室内，可以在中午时浇些水，只要保持盆土湿润就行了，浇多了水，反会引起烂根。

如果要花草长得好，还要巧施肥，因为“肥是花木粮”。施肥也要适量，喜阳的花卉可以多施一点儿，而耐阴的花卉要少施一些；要沿盆边缘施用，不要“当头淋”；肥分过高，要“烧”坏花草；肥少了，又长不好。施肥要适时：春夏间隔半个月就可施一次肥，炎夏时停止施肥，秋凉稍施薄肥，冬季则施基肥。液体肥料最好在下午4点以后、盆土稍干的时候施用。施肥还要均衡。不要长期使用单一肥料，比如施尿素氮肥时，要注意搭配磷、钾肥料。花卉商店出售的花卉肥料，就含有花卉生长所必需的多种养分。

家庭养花，肥料哪里来？在日常生活中，你会发现处处有花肥。淘米水、刷奶瓶水、剩茶水和草木灰，都含有一定的氮、磷、钾成分，有促进花卉根系生长、枝芽分化、枯株健壮的功能。药渣也是一种养分较多的花肥，把它浸泡沤制成腐熟的肥水，或把它拌进盆土表面，也是好肥料。

你还可以自己做些肥料。用一个小坛子，把鱼内脏、碎菜皮、果皮、草叶等放进去，加水或尿，然后密封起来，等汁液发酵变为黑绿色，就可以用它加10倍水做追肥。把鸡鸭毛、碎骨、豆壳、蛋壳、鱼骨鳞片、头发等，用泥土一起分层放进小缸里，加些水或尿，封盖发酵沤熟成腐殖土，可以作为盆土的基肥。